生命篇
哇，科学有故事！

进化的故事

[韩]金恩珠/文 [韩]金尚仁/绘 千太阳/译

人民东方出版传媒
People's Oriental Publishing & Media
东方出版社
The Oriental Press

目录

分析化石的故事_1页

发现进化证据的故事_13页

发现人类祖先的故事_25页

走进进化的科学史_35页

居维叶叔叔，
化石是灭绝动物的骨头吗?

古时候，人们看到化石都认为那是神话动物的骨头。而我证明了化石其实是那些已经灭绝的动物的骨头。我的化石研究结果为人们解开进化的秘密提供了很大的帮助。

很早以前，人们就已经发现了化石。在看到巨大的骨头或牙齿化石后，他们很好奇化石究竟是什么动物变成的。

这块巨大的骨头肯定是龙的骨头。

如果是龙的骨头，那肯定具有可以治愈一切疾病的神秘力量。

在中国古代，人们曾误以为化石是龙的骨头，所以还将它当作一种药材来使用。

古罗马人同样把鲨鱼牙齿化石当作从天上掉下来的"石蛇的舌头"。他们将化石磨碎，并涂抹在被蛇咬伤的地方，或当作解热的药剂来使用。另外，他们还认为这些化石可以击退恶灵，所以有时候会当避邪之物挂在家中。

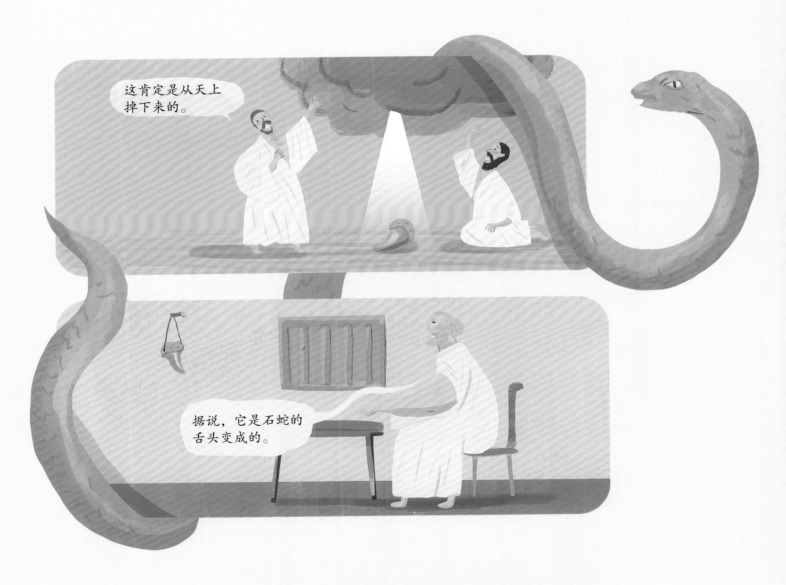

当猛犸的头骨化石被发现后，人们都认为它是希腊神话中的独眼巨人——基克洛普斯的头骨。因此，他们还曾一度坚信基克洛普斯是现实中真实存在的怪物。

18 世纪时，法国的乔治·居维叶还在国立自然史博物馆工作。他从小喜欢阅读《博物志》等书籍，而且对地球和动物的历史充满了好奇。在自然博物馆工作时，居维叶开始对博物馆里收集的无数化石进行研究，而且很快就显现出在分析化石方面的卓越才能。

1789 年，阿根廷出土了一块巨大的动物化石。

然而，没人知道化石究竟是什么动物的。

"只看这幅图就能判断出是什么动物吗？"

居维叶观察了一下，发现画中动物骨骼的大小跟大象差不多，而且还具备树懒、食蚁兽、犰狳（qiú yú）、穿山甲等动物的特征。他只看了看用骨头拼凑起来的画，然后与其他动物的构造进行比较，便分析出是什么动物了。

居维叶还能根据其他动物的化石，判断出那种动物的生活习性。

当时，人们在很多地区都发现长有长毛和巨大长牙的大象化石。大部分大象都生活在气候温暖的地区。但是令人奇怪的是，人们在寒冷的地区也发现了大象化石。这种动物就是猛犸。此外，人们还发现一些长得与犀牛或鳄鱼很像的化石，只是体形更为庞大。人们在进行一番对比之后发现，此化石的动物其实是一种与犀牛或鳄鱼完全不同的物种。

随着气候变冷，分布在世界各地的大象迁徙到温暖的地区。

猛犸的化石常在阿拉斯加和西伯利亚地区被发现。

这是一种体形庞大的大象。

现在地球的某个角落里肯定还存活着这种动物。

随着各种现实中难以见到的动物化石不断被发现，居维叶这才确信这些动物已经灭绝。灭绝是指某一种生物完全从地球上消失的现象。但是在当时，大多数人并不相信生物会灭绝。因为《圣经》中并没有提及有关灭绝的事情。

1804 年，居维叶开始研究巴黎周边的地层。

他发现不同的地层中埋藏着不同种类的化石。

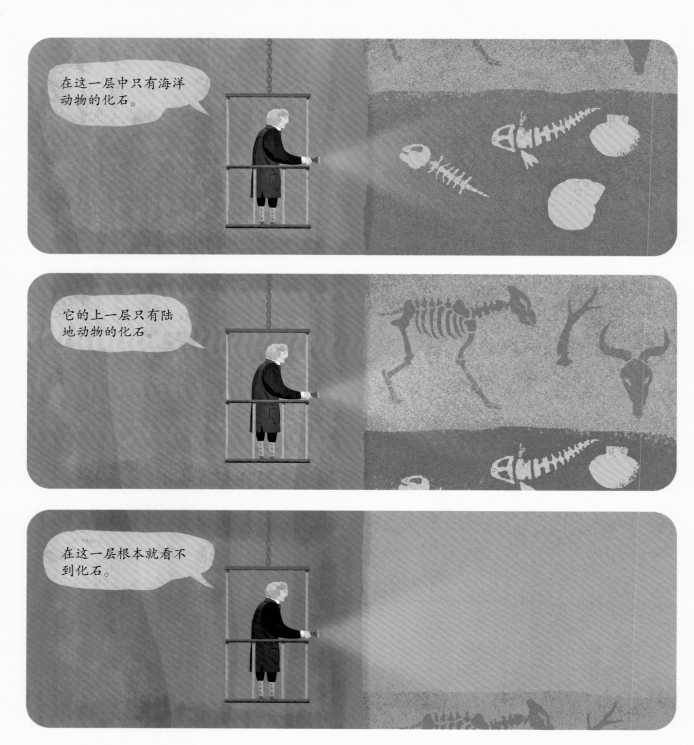

在看到原本是海洋的地方变成陆地后，居维叶便认定地球曾发生过某种翻天覆地的巨大变化。

随着地球上发生翻天覆地的变化，很多动物都灭绝了。

后来，上帝在动物消失的地方重新创造出新的动物。

居维叶所说的巨大变化是《圣经》中提及的大洪水。当时，其他学者都认可进化论。他们认为动物是在漫长的岁月里一点点进化而来的，而居维叶完全不相信这种观点。

其实居维叶的观点并不正确，但是他所留下的记录和化石研究资料，给研究生物进化的学者们带来了很大的帮助。

化石

化石形成的过程

化石是指曾经出现过的动植物在死后被保存下来的遗骸或痕迹。骨头、牙齿、卵、植物、动物的足迹等都可以成为化石。大部分化石都被埋在地下很长一段时间，已经变得和石头一样坚硬。科学家们通过研究化石，从而推测出古生物存活时期的环境信息。

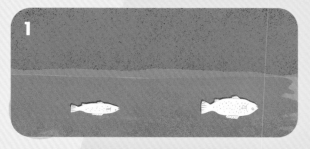

1

生物在死亡后，尸体会沉入海底。皮肉和内脏会慢慢腐烂，最终只剩下骨头。

2

堆积物把骨头覆盖起来，令其变成岩石。岩石中的骨头会慢慢变硬，直至变成化石。

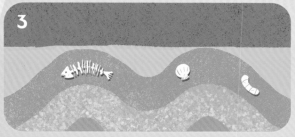

3

岩石层受到火山爆发或地震等自然现象的影响，出现弯曲或断裂。

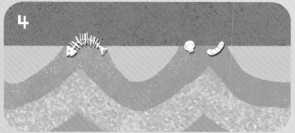

4

化石露出地面。

植物

各种各样的化石

人们都认为化石就是动物的骨头，但事实上，很多东西都能变成化石。

昆虫

恐龙的脚印

恐龙的粪便

羽毛

银杏树
约**2亿7000**万年前

活化石

在化石中发现的生物中，有一部分很久以前就出现在地球上，而且至今依然存活着。因此，我们称这些生物为"活化石"。

中华鲎（hòu）
约**2亿**年前

腔棘鱼
约**3亿7000**万年前

用途多多的化石燃料

化石燃料指的是煤炭、石油及天然气。化石燃料是由数百万年前死去的动物和植物转变而来。化石燃料可以用来取暖、发电，以及运转汽车、飞机、机器的发动机。

在全世界，煤炭资源分布得比较均匀。相比之下，石油和天然气则只埋藏在特定的地区。例如，石油在中东地区的埋藏量就比较多。以中东地区为主的国家还组建了一个石油输出国组织（OPEC），简称欧佩克。据了解，全世界接近80%的石油都埋藏在石油输出国组织所属的成员国境内。

生产石油最多的是包括沙特阿拉伯在内的中东国家，以及俄罗斯、美国等国家。石油消耗量最多的国家则是美国。现在，随着经济的快速发展，中国的石油消耗量也在快速增长。

天然气主要分布在埋藏着石油的地方。因此，石油储藏比较多的国家，天然气的储量也非常多。

在油田上开采石油的勘探船

与居维叶一样，人们也普遍认为生物会始终维持被神创造出来时的形态。然而在周游全世界，并对那里的无数动物进行观察之后，我发现生物其实会不断进化。

生物学家查尔斯·达尔文在英国剑桥大学上学的时候，非常喜欢观察动物和植物。大学毕业后，他收到一个令人心动的提议。

　　"达尔文，'贝格尔'号要去探险，你要不要一起去？你只需要负责观察动植物和研究化石的工作。"

　　"真的吗？我非常想去！"

　　达尔文得到教授的推荐，顺利地坐上了"贝格尔"号。

　　"贝格尔"号的任务是测量航线，绘制出更精确的南美海图。

为了研究动植物，我准备了望远镜、显微镜、猎枪等工具。

"贝格尔"号在 1831 年 12 月 27 日出航。

达尔文深深地迷上了船长送给他的礼物——查尔斯·莱尔爵士的作品《地质学原理》。

"地球的年龄竟然有数十万年之久？"

"大地的形状会因火山、地震及江河而不断地发生变化？"

"那就是说这一切跟大洪水没什么关系喽？"

我要观察夜空、海水的流动及动植物。

观察星座

观察海水的流动

观察动植物

在海上航行几个月后，"贝格尔"号抵达南美洲。

"贝格尔"号一边向南航行，一边勘察海岸，达尔文则忙着观察动植物。

达尔文第一次在这里发现了大型哺乳动物的化石。

达尔文发现的化石虽然与现实中的动物很相似，但是体形普遍要大很多。

达尔文在南美洲亲眼目睹了火山爆发的场景。一个月
后，他又经历了一场剧烈的地震。

大地裂开，海岸地区整整上升两米左右。

"莱尔爵士的观点是正确的。大地模样的改变是自然现象造成的！"
达尔文继续乘坐"贝格尔"号进行勘察。

"贝格尔"号需要测量数据，每抵达一个地方都要停留很久。这样，
达尔文就有充足的时间搜集各种动植物制作标本，并观察化石、岩石等
东西。同时，达尔文还将自己看到的东西认真地记录下来。

1835 年 9 月 15 日，"贝格尔"号抵达位于太平洋上的加拉帕戈斯群岛。这个岛上生活着很多动植物。

通过对它们的观察，达尔文发现了一个奇怪的现象。

岛上的居民只凭象龟的甲壳就能判断出它是生活在哪个岛上的，而且这里每个岛上都生活着长相各异的地雀。

加拉帕戈斯象龟观察笔记

因为每个岛上容易获得的食物不一样，所以它们的模样也发生了变化！

因为经常吃高茎的仙人掌，所以甲壳变成马鞍形状。

因为总是吃矮茎植物，所以甲壳是拱形圆顶形状。

根据这些事实，达尔文判断动物的外形会随着环境的变化而改变。加拉帕戈斯群岛上还生活着企鹅、鬣（liè）蜥、海狮等动物。达尔文发现，虽然这些动物都来自美洲大陆，但为了适应这里的环境，外形也在一点点发生改变。

　　1836 年 10 月，"贝格尔"号结束长达五年的航海，返回英国。

加拉帕戈斯地雀观察笔记

因为主要以各种昆虫为食，所以鸟喙非常尖。

因为主要以各种小型种子为食，所以鸟喙很小。

因为主要以大型种子为食，所以鸟喙又粗又短。

在航海途中，达尔文一共收集数十万枚标本，同时留下 18 本勘察笔记。达尔文一边整理自己收集的标本和笔记，一边开始研究动植物。

达尔文虽然明白生物会不断进化，但并没有草率地发表自己的观点。

因为教会一直奉"所有生物都是神创造出来的"为真理，当时大部分人都是这样的看法。

达尔文的自然选择学说

一对鸟孵化出 10 只幼鸟，

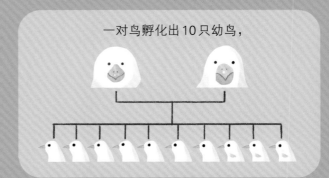

但最终存活下来的只有几只。

假设它们分为斑点羽毛幼鸟和白色羽毛幼鸟，

那么容易被天敌发现的白色羽毛幼鸟，将很难存活下来。

如此一来,斑点羽毛幼鸟的数量就会增多。可见,生物的形态会为了适应环境而发生改变。

达尔文经过二十多年的研究,出版了一本名为《物种起源》的书籍。

达尔文的书虽然卖得非常火爆,却引发了巨大的争议。

"进化?简直是天方夜谭!"

然而随着时间的流逝,达尔文的进化论得到科学界的认可,而达尔文也一举成为改变科学历史的名人。

只有能够适应环境的动物才能存活下来。

进化

进化指生物的形态经过多个世代发生改变的现象。它并不是一种短时间内的剧变，而是在漫长的时间里慢慢变化的过程。但凡生物都会为了适应生存环境而逐渐进化。

有翅膀的动物

虽然鸟类都有翅膀，但并不是所有鸟都会飞。鸵鸟的翅膀用于奔跑时掌握身体平衡，企鹅的翅膀在游泳时会作为蹼来使用。

鸟

鸵鸟

企鹅

生活在水中的动物

生活在水中的动物，有很多都是从生活在陆地上的动物演变而来。随着在水中生活的时间越来越长，它们的前肢变成鱼鳍，后肢也慢慢消失不见。

鲸鱼

儒艮（gèn）

生活在不同环境里的同种动物

北极狐的耳朵很小，沙漠狐的耳朵很大。
北极狐为了抵抗严寒保持体温，耳朵变小了；沙漠狐
为了更好地散热，耳朵变大了。

北极狐

沙漠狐

食物相同的动物

靠捕食蚂蚁为生的动物，需要一条可以一次黏住数百
只蚂蚁的长舌。此外，它们还需要有长长的嘴巴和适
合挖洞的爪子。

针鼹

食蚁兽

穿山甲

源于偏见的种族歧视

就像地球上生活着各种各样的动植物，人和人之间也存在一定的差别。他们不但长相不同，就连思维方式也不一样。然而随着进化论逐渐在欧洲扩散开来，他们忽视自然和社会的差异，开始从进化的观点看待人类世界。于是，欧洲人便觉得黑皮肤的非洲人之所以生活困苦，是因为他们原本就是低等的种族。

有了这种思想做铺垫，古时候的欧洲人便会肆无忌惮地把非洲人抓来当奴隶。欧洲人强行把非洲人带到美洲大陆，然后奴役他们。据说，在坐船去美洲的途中，这些非洲人会因饥饿和疾病而死掉一半。到达美洲大陆的奴隶们会被强迫去摘棉花或开采矿物。如果不听主人的话，他们还要挨鞭子。直到死去，他们都无法摆脱奴隶的身份。

尽管到了19世纪后期，大部分国家都废除了奴隶制度，还制定了禁止种族歧视的法律，但直至今日，种族歧视依然没有完全消失。

奴隶在前往美洲大陆的船上的情景

约翰逊叔叔，
听说您发现了
人类的祖先？

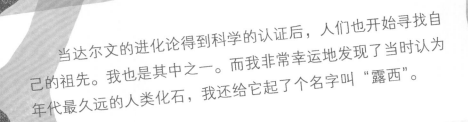

当达尔文的进化论得到科学的认证后，人们也开始寻找自己的祖先。我也是其中之一。而我非常幸运地发现了当时认为年代最久远的人类化石，我还给它起了个名字叫"露西"。

"人类并不是从类人猿进化而来的。人和类人猿在很久以前拥有相同的祖先，只是他们各自走上了不同的进化之路。"

　　即使在达尔文发表《进化论》后，人们依然认为人类的诞生方式与动物不同。达尔文所提出的大猩猩、黑猩猩等类人猿与人类有着共同祖先的观点，也受到人们的批评。

　　"什么？你说我们跟猴子是同一个爹妈生的？"

　　当时并没有能够证明达尔文观点的证据。

1891 年，人们在印度尼西亚爪哇岛上，发现了能够证明达尔文观点的确凿证据。荷兰解剖学家杜巴斯发现埋在河堤下的颅骨、腿骨及牙齿化石。

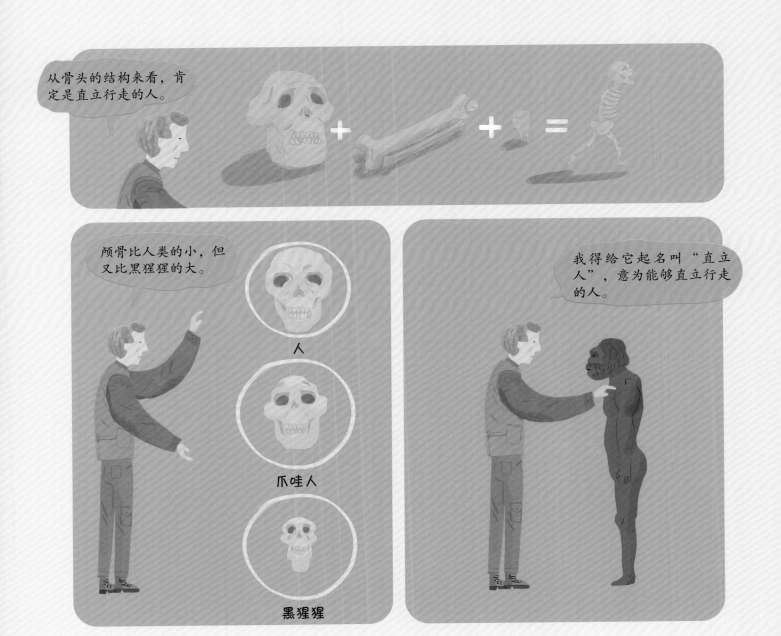

在很长一段时间里，直立人被认为是年代最久远的人类祖先。
后来，古人类学家们又发掘出数千块早期的人类化石。

1974 年 11 月 24 日，埃塞俄比亚的哈达尔营地迎来了新的一天。负责发掘工作的美国古人类学家唐纳德·约翰逊，在小时候就看过古人类发掘现场的照片。从那时起，他便立志要挖掘出人类真正祖先的化石。

　　当天，约翰逊原本是不打算去发掘现场的。但他突然产生一种可能会有所发现的预感，便抱着试一试的心态来到发掘现场。然而两个小时过去，他没有挖到任何东西。不过，约翰逊的眼睛依旧不停地在地上搜寻着什么。就在这时，一个闪闪发光的东西映入他的眼帘。

　　那是一块约 5 厘米大小的灰褐色化石。

　　约翰逊马上意识到这块化石应是某个直立行走的动物肘部骨头的一部分。过了一会儿，他陆续挖出大腿骨、肋骨块、多节脊椎骨、颅骨碎片等化石。约翰逊不敢相信自己的眼睛。这些明显是从未见过的古人类化石。

　　那天晚上，广播中播放着优美的歌曲。约翰逊根据歌曲的名字，将新发现的古人类化石命名为"露西"。

不久后，约翰逊挖掘出来的露西，被证实是生活在350万年前的人类的祖先。

露西是当时挖掘出来的古人类中年代最久远，同时最接近人类和类人猿的共同祖先。而且，她还是当时发现的最早用双脚行走的古人类。

露西的正式名称为阿法南方古猿。

露西的真面目

身高90厘米左右，与黑猩猩相仿。

脑容量比人类小很多。

凸出的面部与类人猿相似。

从长长的胳膊和弯曲的手指可以判断，她擅长爬树。

骨盆与人一样，都是盆状。

露西是女性。

1992 年，在发现露西的地点附近，人们又发掘出生活在 440 万年前的古人类化石。

2002 年，人们又发现年代更久远的古人类化石。哪怕是现在，还有很多古人类学家仍在寻找人类祖先的痕迹。

人类的 进化

虽然很久以前出现的人类的祖先也是直立行走的，但他们其实是弯曲着膝盖在行走。科学家们认为最早的人类出现在美洲。随着新的古人类化石不断被发现，对古人类的定义和相关数据也在不断更新。

年代	420万~200万年前	220万~160万年前
脑容量	380~485 毫升 	500~650 毫升 
身高	1~1.5 米 	1.3~1.5 米

南方古猿

双脚直立行走。他们在平原上靠食用水果和植物的根茎为生。

能人

意为手艺出色的人。他们已经会使用发达的工具。

180万~5万年前	35万~3万年前	20万年前~现在

750~1300 毫升

1300~1500 毫升

1300~2000 毫升

1.6~1.8 米

1.5~1.7 米

1.5~1.9 米

直立人

狩猎猛犸等体形庞大的动物为食。他们会使用石斧等工具，还懂得利用摩擦生火。

尼安德特人

他们把石头、树木或动物的骨头当作工具使用，会埋葬死去的亲人。

智人

意为聪慧的人。他们能使用语言，能从事一些艺术活动。

洞窟里的画家

人类祖先当中的智人已经开始在洞窟的岩壁上画画。

他们主要画的是猛犸、野牛、鹿、野马、牛等自己食用过的动物，以及犀牛、豹、狮子等凶猛的食肉动物，而且画得非常细致、生动。据了解，位于法国东南部的肖维岩洞壁画是人类祖先在约 30 万年前画的。他们不但在岩壁上用黑色、红色及黄色颜料画着 300 多只不同种类的动物，而且充分利用洞窟岩壁和洞顶上的起伏来营造出一种立体感。

之后发现的西班牙阿尔塔米拉洞窟壁画和法国拉斯科洞窟壁画同样画得非常细致，甚至能够让人感受到一种活跃的动态。

通过人类祖先留下的壁画，我们可以推测出他们当时的想法和生活方式。学者们认为原始人画壁画或许是为了祈祷顺利地狩猎，或为了让巫师举行某种特殊仪式。另外，也有人推测他们画壁画的目的是为了代替文字留下记录。

阿尔塔米拉洞窟石壁上的动物画

人们为解开生命的
奥秘在不断付出
努力

在漫长的岁月里，无数科学家每时每刻都在为寻求地球
的历史和解开生命的秘密而努力着。然而随着科学的发展，
我们已经完全可以利用尖端技术来了解人类的过去。

1800年
编纂《比较解剖学讲义》

居维叶出版《比较解剖学讲义》，确立比较解剖学的新标准。他认为只要有一块动物的骨头，人们就能知道动物在过去是怎么生活的。

1812年
提出灾变论

居维叶认为在地球上留下化石的动物在很久以前就已经从地球上消失了。他还认为是《圣经》中提及的大洪水令地球发生巨变。

1831年
"贝格尔"号出海

在"贝格尔"号勘察航行期间，达尔文亲自观察各种动植物和地球的变化，尤其在加拉帕戈斯群岛上还发现了动植物进化的证据。

标记的部分是正文中出现的内容。

📖 1859年

《物种起源》出版

达尔文出版《物种起源》。书中主要讲述各种生物通过漫长的时间慢慢发生变化的内容。

📖 1974年

发现露西

唐纳德·约翰逊在埃塞俄比亚的峡谷里发现生活在350万年前的古人类化石——露西。在很长一段时间里，露西被视为年代最久远的人类祖先。

现在

比露西历史更悠久的人类化石正陆续被发现。直到现在，被发现的年代最久远的人类化石拥有700万年的历史。科学家们在不断寻找年代更久远的人类祖先。

图字：01-2019-6047

화석이 알려 준 비밀
Copyright © 2015, DAEKYO Co., Ltd.
All Rights Reserved.
This Simplified Chinese edition was published by People's United Publishing Co.,
Ltd. in 2020 by arrangement with DAEKYO Co., Ltd. through Arui Shin Agency &
Qiantaiyang Cultural Development (Beijing) Co., Ltd.

图书在版编目（ＣＩＰ）数据

进化的故事 /（韩）金恩珠文；（韩）金尚仁绘；千太阳译 . —北京：东方出版社，2020.7
（哇，科学有故事！. 第一辑，生命·地球·宇宙）
ISBN 978-7-5207-1481-5

Ⅰ . ①进… Ⅱ . ①金… ②金… ③千… Ⅲ . ①进化论—青少年读物 Ⅳ . ① Q111-49

中国版本图书馆 CIP 数据核字（2020）第 038680 号

哇，科学有故事！ 生命篇·进化的故事
（WA，KEXUE YOU GUSHI! SHENGMINGPIAN · JINHUA DE GUSHI）

作　　者：［韩］金恩珠 / 文　　［韩］金尚仁 / 绘
译　　者：千太阳

策划编辑：鲁艳芳　杨朝霞
责任编辑：杨朝霞　金 琪
出　　版：東方出版社
发　　行：人民东方出版传媒有限公司
地　　址：北京市西城区北三环中路6号
邮　　编：100120
印　　刷：北京彩和坊印刷有限公司
版　　次：2020年7月第1版
印　　次：2020年7月北京第1次印刷　2021年9月北京第4次印刷
开　　本：820毫米×950毫米　1/12
印　　张：4
字　　数：20千字
书　　号：ISBN 978-7-5207-1481-5
定　　价：398.00元（全14册）
发行电话：（010）85924663　85924644　85924641

✒ 文字 ［韩］金恩珠

　　大学时期攻读物理学和幼儿教育。毕业后，多年在出版社从事儿童图书创作工作。她希望孩子们可以通过科学家和发明家的故事，目睹科学改变世界的情景，从而树立可以改变未来的梦想。主要作品有《挑战，科学营地阿帕奇》《制作，修理，切割，粘贴，需要工具》《去狩猎》《全都苏醒的春天》《四个朋友的故事》等。

🎨 插图 ［韩］金尚仁

　　毕业于庆熙大学美术学院西方画专业。毕业后，主要给成年人读物画插图。如今，已经深深地迷上儿童图书。主要作品有《我们国家的独特村子》《某一天，上帝从我身边消失》《我们的话语正确使用说明书》《珍妮·古道尔的故事》《观察王》《喜马拉雅清洁工》《为儿童准备的韩日外交史课堂》等。

📑 审订 ［韩］李正模

　　毕业于延世大学生物化学专业。后考入德国波恩大学学习化学。毕业后担任安阳大学教养专业的教授，现为西大门自然史博物馆的馆长。主要作品有《给基因颁发专利》《日历和权力》《希腊罗马神话科学》等，主要译作有《人类简史》《魔法的熔炉》等。

哇，科学有故事！（全 33 册）

概念探究

生命篇
01 动植物的故事——一切都生机勃勃的
02 动物行为的故事——与人有什么不同？
03 身体的故事——高效运转的"机器"
04 微生物的故事——即使小也很有力气
05 遗传的故事——家人长相相似的秘密
06 恐龙的故事——远古时代的霸主
07 进化的故事——化石告诉我们的秘密

地球篇
08 大地的故事——脚下的土地经历过什么？
09 地形的故事——隆起，风化，侵蚀，堆积，搬运
10 天气的故事——为什么天气每天发生变化？
11 环境的故事——不是别人的事情

宇宙篇
12 地球和月球的故事——每天都在转动
13 宇宙的故事——夜空中隐藏的秘密
14 宇宙旅行的故事——虽然远，依然可以到达

物理篇
15 热的故事——热气腾腾
16 能量的故事——来自哪里，要去哪里
17 光的故事——在黑暗中照亮一切
18 电的故事——噼里啪啦中的危险
19 磁铁的故事——吸引无处不在
20 引力的故事——难以摆脱的力量

化学篇
21 物质的故事——万物的组成
22 气体的故事——因为看不见，所以更好奇
23 化合物的故事——各种东西混合在一起
24 酸和碱的故事——水火不相容

解决问题

日常生活篇
25 味道的故事——口水咕咚
26 装扮的故事——打扮自己的秘诀

尖端科技篇
27 医疗的故事——有没有无痛手术？
28 测量的故事——丈量世界的方法
29 移动的故事——越来越快
30 透镜的故事——凹凸里面的学问
31 记录的故事——能记录到1秒
32 通信的故事——插上翅膀的消息
33 机器人的故事——什么都能做到

扫一扫
看视频，学科学